国家电网公司
电力科技著作出版项目

彝汉双语

电力安全知识读本

四川省电机工程学会 组编

中国电力出版社
CHINA ELECTRIC POWER PRESS

图书在版编目（CIP）数据

彝汉双语《电力安全知识读本》：彝、汉 / 四川省电机工程学会组编．—北京：中国电力出版社，2017.12（2023.11重印）
ISBN 978-7-5198-1624-7

Ⅰ．①彝… Ⅱ．①四… Ⅲ．①电力安全－普及读物－彝、汉 Ⅳ．① TM7-49

中国版本图书馆 CIP 数据核字（2017）第 322198 号

出版发行：中国电力出版社
地　　址：北京市东城区北京站西街 19 号（邮政编码 100005）
网　　址：http://www.cepp.sgcc.com.cn
责任编辑：周秋慧（010－63412627）
责任校对：王小鹏
装帧设计：赵姗姗
责任印制：石　雷

印　刷：北京九天鸿程印刷有限责任公司
版　次：2017 年 12 月第一版
印　次：2023 年11月北京第二次印刷
开　本：710 毫米 ×980 毫米　16 开本
印　张：5.5
字　数：92 千字
印　数：2001—3000 册
定　价：28.00 元

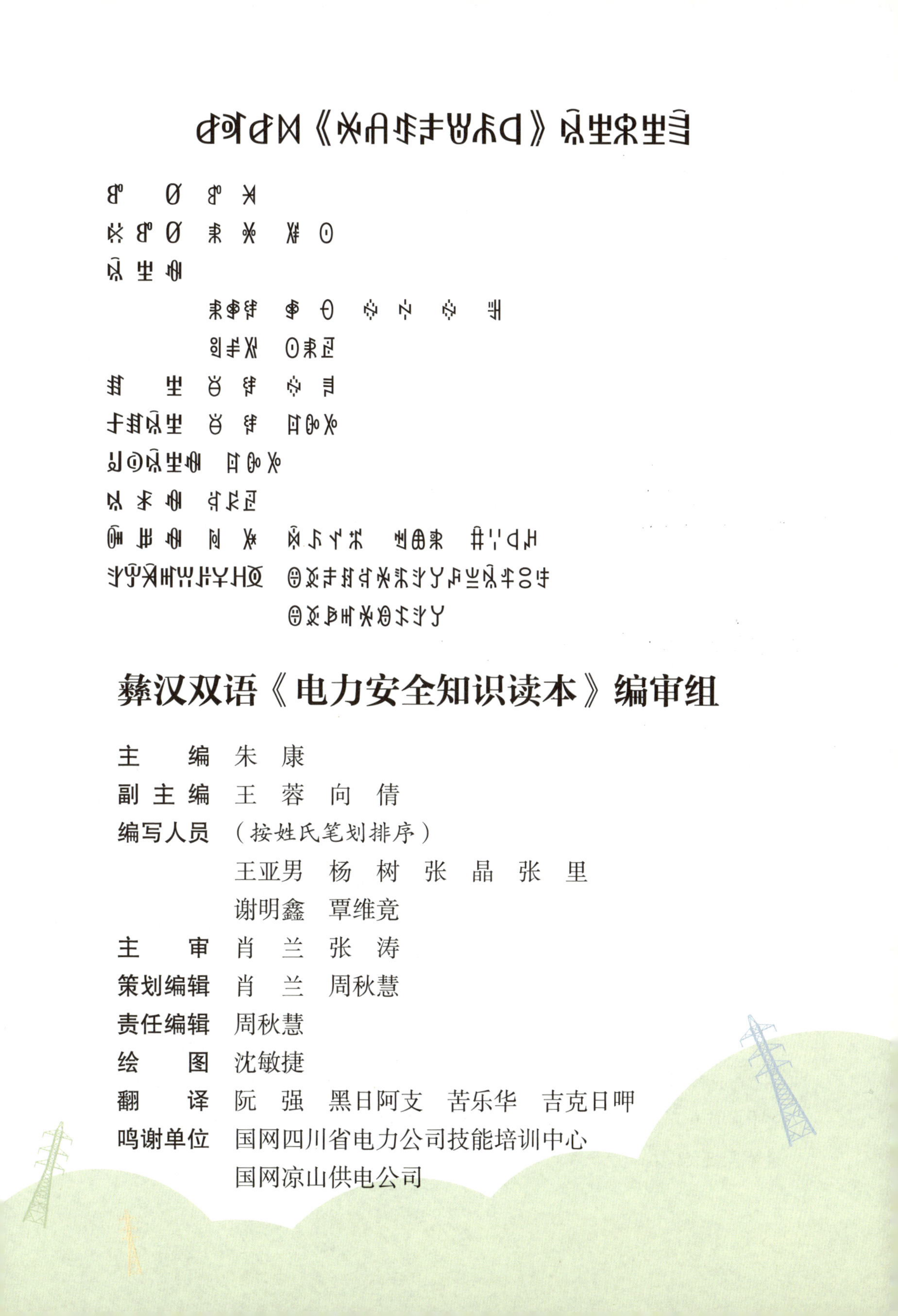

[illegible]

彝汉双语《电力安全知识读本》编审组

主　　编　朱　康

副 主 编　王　蓉　向　倩

编写人员　（按姓氏笔划排序）

　　　　　王亚男　杨　树　张　晶　张　里

　　　　　谢明鑫　覃维竟

主　　审　肖　兰　张　涛

策划编辑　肖　兰　周秋慧

责任编辑　周秋慧

绘　　图　沈敏捷

翻　　译　阮　强　黑日阿支　苦乐华　吉克日呷

鸣谢单位　国网四川省电力公司技能培训中心

　　　　　国网凉山供电公司

[illegible]

[illegible]。

[illegible]，[illegible]，[illegible]，[illegible]，[illegible]，[illegible]。[illegible]、[illegible]，[illegible]。

[illegible]，[illegible]，[illegible]。[illegible]，[illegible]，[illegible]，[illegible]。

[illegible]，[illegible]，[illegible]“[illegible]，[illegible]”，[illegible]。2016 [illegible]，[illegible] 20 [illegible]，[illegible] 3 [illegible]，[illegible] 6150 [illegible]。[illegible]，[illegible] 1472.3 [illegible]，[illegible]。[illegible] 6 [illegible]、[illegible] 5 [illegible] 6400 [illegible]，[illegible] 1.2 [illegible]，[illegible] 3.4 [illegible]、[illegible] 57.7 [illegible]、[illegible] 57.7 [illegible]、[illegible] 8.9 [illegible]。

2012 [illegible]，[illegible] ±800 [illegible]，“[illegible]”[illegible]，[illegible]。[illegible]，[illegible]，[illegible]，[illegible]，[illegible]。

[illegible]，[illegible]。[illegible]？[illegible]？[illegible]、[illegible]、[illegible]，[illegible]？[illegible]？[illegible]？[illegible]。

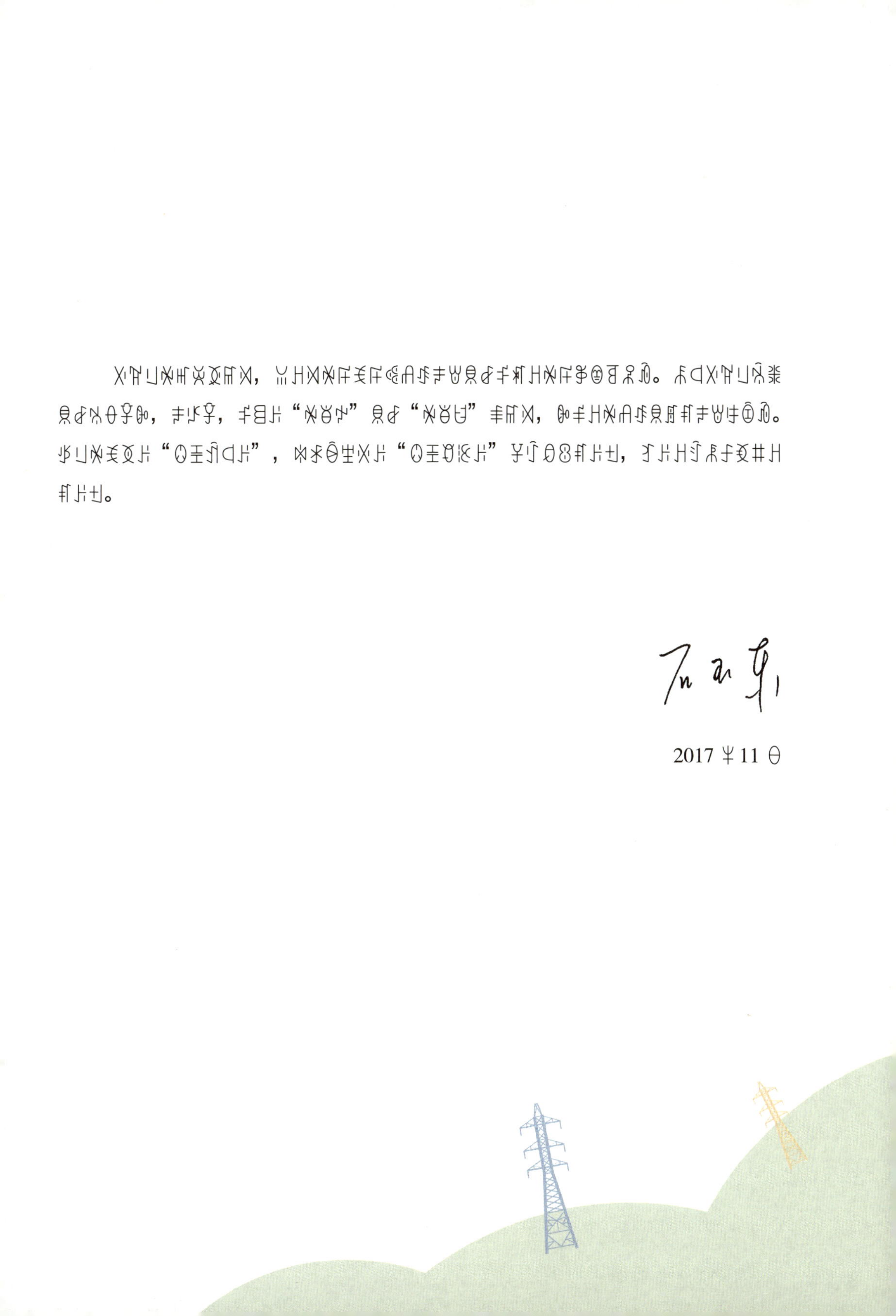

[illegible]

2017 年 11 月

序

电与我们的生活密不可分。

清晨，我们点亮电灯，抖擞精神，开始一天的忙碌；夜晚，我们打开电灯，扫去疲惫，享受家的温暖。电是文明进步、科技发展的不竭动力，点亮了大街小巷每一盏幸福的“心灯”。

随着电力科普宣传的深入开展，人们的安全意识已有了大幅提升，这是所有科普工作者共同努力的成果。但随着科技进步，电力行业发展日新月异，一些传统的科普读物已不能满足现代读者的需求，他们迫切需要新的知识来扩充自己的视野。

以输电网为例，目前，特高压电网“一头连着西部清洁能源开发利用，一头连着东中部雾霾治理”，已成为国家清洁能源发展的战略重点。2016 年，全国在建在运特高压工程超过 20 项、线路总长度超过 3 万千米、累计送电超过 6150 亿千瓦·时。其中，向家坝—上海等 5 条特高压直流输电线路累计输送电量 1472.3 亿千瓦·时，促进了四川清洁水电和西部地区清洁能源资源大规模集约开发和高效安全外送。已经投运的 6 条交流、5 条直流特高压线路使东中部新增受电能力超过 6400 万千瓦，每年可减少燃煤运输 1.2 亿吨，减排二氧化碳 3.4 亿吨、二氧化硫 57.7 万吨、氮氧化物 57.7 万吨、烟尘 8.9 万吨。

2012 年，锦屏—苏南 ±800 千伏特高压直流输电工程正式投入运行，成为“西电东送”的重要绿色通道，为大凉山彝族地区的经济发展搭建了新平台。扶贫先扶智，如何通过电力科普，提升当地群众的科学文化水平，助力彝族地区经济文化发展，是科普工作面临的新挑战和新任务。

尽管市面上电力安全读物众多，却难觅电力安全科普读物的身影。电危险吗？我们身边有哪些电力设备设施？面对架空线路、电力杆塔、变压器，我们应该怎样保证生命和财产安全？面对智能电能表，我们应该怎样高效节约地用电？解决这些问题成为编写本书的最大动因。

本书以输电网为切入点，生动地讲述了电力设备设施安全常识和科学用电知识。本书图文并茂，浅显易懂，通过两位科普大使——电小安和电小全，全面展示了有关电力安全的实用知识。我相信，无论是热心电力的“大朋友”，还是热衷学习的“小朋友”，都能从中获益，得到实实在在的帮助。

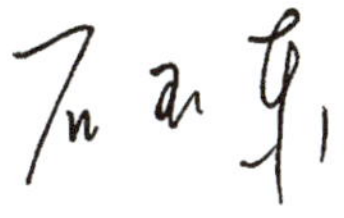

2017 年 11 月

[illegible]

[illegible]

[illegible]

[illegible]：[illegible]

[illegible]：[illegible]

[illegible]：[illegible]、[illegible]、[illegible]、[illegible]

[illegible]

[illegible]

[illegible]：[illegible]

[illegible]：[illegible]

[illegible]：[illegible]、[illegible]、[illegible]、[illegible]

人物介绍

电小全

四川省电机工程学会科普专委会形象推广大使

性别：男

昵称：小全

爱好：吃竹子、吃苹果、踢足球、电力知识普及推广

电小安

四川省电机工程学会科普专委会形象推广大使

性别：女

昵称：小安

爱好：打小全、吃竹子、唱歌、电力知识普及推广

[illegible]

[illegible]

（[illegible]）

[illegible]：[illegible]

[illegible]

[illegible]

[illegible]

[illegible]：[illegible]

[illegible]：28 [illegible]

[illegible]：[illegible]

方方

电小安和电小全的好朋友

（地球的绿色能量）

爱好：清新的空气，干净的水，和小安与小全玩儿，绿色环保知识推广

阿吉叔叔

青年电力线路巡检员

职业：电力员工

年龄：28 岁

爱好：做公益事业，电力安全知识推广

[illegible]

[illegible]

[illegible]

[illegible]

[illegible]

目录

[illegible]

第一章

电很危险吗

[illegible]

电是一种清洁高效的能源，我们的生活离不开它。只要掌握了安全常识，安全规范地使用电能，是不会发生危险的。

[illegible]

春天到了，万物复苏，小安、小全和方方周末郊游，看见黄色的油菜花田里立着一排排高大的电力铁塔，在蓝天白云和花海的映衬下特别壮观。在铁塔不远处，遇上了正在巡线的阿吉叔叔。

只要保持与带电体的安全距离，不攀爬和触摸铁塔就不会有危险。电不是怪兽，它既不神秘也不可怕。
电力铁塔矗立在花田里好壮观，但它有电，太危险了，我们不要靠近。

[illegible]

[illegible]

1 [illegible]

1 [illegible]

[illegible] 220 [illegible] 100 [illegible]

[illegible] 40 [illegible] 10 [illegible] 100 [illegible] 15 [illegible] 8 [illegible] 10 [illegible] 1P [illegible] 1.5 [illegible]

[illegible] 10 [illegible] 16 [illegible] 0.14 [illegible] 27 [illegible] 0.86 [illegible]

第一节　电可以做什么

电是能量的一种形式，它包括了许多种由于电荷的存在或移动而产生的现象。生活中使用的电是由一次能源转化而来的二次能源，通过发电、输电、变电、配电构成的庞大电力网络来保证其及时充足供应。

❶ 一度电（1千瓦·时）可以做什么

1千瓦·时

一度电（1千瓦·时）是指在220伏稳定电压的情况下，1000瓦的电器连续工作1小时所耗的电量。

在日常生活中，一度电可以供1台电脑连续工作40个小时、10瓦节能灯连续照明100小时、普通冰箱运行1天、普通电风扇运行15小时、烧开8千克的水、25英寸左右的彩色电视机收看10小时、1匹的家用空调运行1.5小时。

在工业生产中，一度电可以织10米布、加工16千克面粉、灌溉0.14亩小麦、采27千克煤、让有轨电车行驶0.86千米。

❷ [illegible] 认识我们身边的电

[illegible]

通常我们所说的电分为两种，一种是自然界存在的电，比如打雷时天空中出现的雷电或者摩擦产生的静电，另一种是能源转换产生的电。

[illegible] 雷 电

1752 [illegible]

1752 年，美国物理学家本杰明·富兰克林进行了一项著名的实验，在雷雨天气中放风筝，第一次捕捉到了雷电。

[illegible]

我们生活中使用的电都是能源转换而来的，所有家用电器都依靠电来工作，比如电灯、电脑、电视，等等。

3 [illegible]　电的故事

[illegible]

2500 [illegible] 1600 [illegible] [“ηλεκτρονίων”（electron）] [illegible]“[illegible]”（electric）[illegible]。

人们认识电经历了一个很有趣的过程，开始的时候，人们称电为“琥珀之灵”。

早在 2500 多年前，古希腊哲学家泰勒斯就发现琥珀和丝绸摩擦后会吸引绒毛或木屑等小物体，于是他将这种现象称为“琥珀之灵”。直到公元 1600 年，英国医生吉尔伯特通过大量实验，发现用来吸引木屑的不是琥珀的灵魂，而是摩擦产生的“静电”，于是他在琥珀的希腊语名称[“ηλεκτρονίων”（electron）]的基础上，将这一发现命名为“电”（electric）。

第二节　电从哪里来

电是从哪里来的呢？

电能的生产即发电，生产电力的工厂就是发电厂，我们生活中使用的电，也就是电能，都是发电厂通过转化能源生产出来的。

一次能源，如煤炭、水、风能、太阳能

发电厂转化

电能

[illegible]

发电厂的种类很多，一般根据所利用能源的不同分为火力、水力和核能发电厂。此外，还有风力发电、太阳能（光伏）发电、生物质能发电、潮汐发电、地热能发电等新能源发电方式。

[illegible]

火力发电厂

[illegible]

水力发电厂

[illegible]

风力发电厂

[illegible]

太阳能光伏电站

1 [illegible]

[illegible]

[illegible] 60% [illegible]

❶ 火力发电

火力发电是通过燃烧化石燃料（煤、油、气或其他氢化物），将所得到的热能转换为机械能，驱动发电机产生电能的过程。实现这种电能转换技术的工厂称为火力发电厂。

火力发电是最早实现的发电技术，也是世界上最主要的发电方式，占全世界总发电量的 60% 以上。现在主要使用的有蒸汽动力发电、内燃机发电、燃气轮机发电等技术。而效率更高的燃气—蒸汽联合循环发电技术、洁净煤发电技术（包括新一代超超临界发电技术）、整体煤气化联合循环发电技术将进一步改变火力发电的方式。

2 [illegible] 水力发电

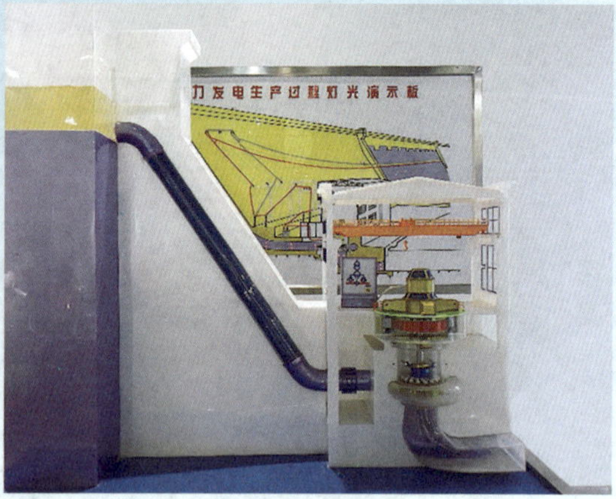

[illegible]

[illegible]

水力发电是开发河川或海洋的水能资源，将水能转化为电能的工程技术。

水力发电有多种形式，利用河川径流水能发电的为常规水电；利用海洋潮汐能发电的为潮汐发电；利用波浪能发电的为波浪发电；利用电力系统低谷负荷时的剩余电能抽水到高处蓄存，高峰负荷时放水发电的为抽水蓄能发电。

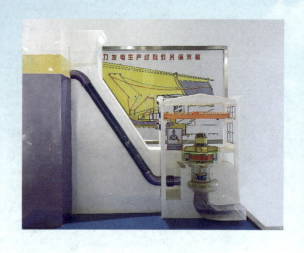

[illegible]

中国的水能资源居世界首位，有很大的水电发展潜力。四川省的河川水能资源位居全国第二，水电装机容量是火电的4倍。

3 [illegible]　新能源发电

[illegible]
[illegible]
[illegible]
[illegible]

新能源发电主要指风力发电、太阳能（光伏）发电、生物质能发电、潮汐发电、地热能发电等可再生能源发电及燃料电池等新型发电方式。其中风能、太阳能发展较快，已进入产业化阶段。

[illegible]

风力发电：通过风力发电机将风能转化为电能的发电方式。风力发电的模式主要包括独立运行系统和并网运行系统两大类。目前世界上单机容量最大的风力发电机在丹麦，容量 8 兆瓦。

[illegible]

太阳能发电：通过水或其他介质及装置将太阳辐射能转换为电能的发电方式。太阳能发电有两种，一种是太阳能光伏发电，另一种是太阳能热发电。太阳能光伏发电是将太阳光直接转化成电能；太阳能热发电是先将太阳辐射转化为热能，再将热能转化成电能。

[illegible]

第二章

电力传输的主力军

[illegible]

发电厂生产出来的电通过升压变压器升压，沿着架在电力杆塔上的架空线路输送到远方，再通过降压变压器降压，最后进入千家万户。

[illegible]

身边的电力设施那么多，如何分辨和注意安全呢？今天，我们重点来学习三种输电和配电设备设施——架空线路、电力杆塔和变压器。

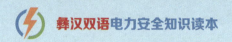

[illegible]

第一节 架空线路

1 [illegible] 什么是架空线路

[illegible]

[illegible]

电的传输速度很快，可达到 $3X10^8$ 米每秒。发电厂生产的电通过输电线（导线）传输到千家万户。

架在空中的输电线路被称为架空线路。最常用的架空线路导线有铝绞线、钢芯铝绞线、铝合金绞线和钢芯铝合金绞线等。

知识拓展1　导体和绝缘体

导体是指电阻率很小且易于传导电流的物体。金属、水流、人体、架空线都是导体。绝缘体是指不容易导电的物体。

知识拓展2　电力电缆

电力电缆是指用于传输和分配电能的电缆。常用于城市地下电网、发电站的引出线路、工矿企业的内部供电及过江、过海的水下输电线。

2 [illegible] 架空线路下的禁令

[illegible]

从架设位置和经济成本考虑，架空线路多采用裸线，人如果通过导体和架空线路接触，就会触电。

[illegible] 知识拓展 3

[illegible]？ 为什么架空线路下不能放风筝？

[illegible]

风筝线、钓鱼线等一旦接触上架空线路，都极有可能会导电。所以，在架空线路下，严禁进行放风筝、钓鱼、燃放烟火等行为。

《[illegible]》[illegible]，[illegible] 300 [illegible]。

《电力设施保护条例》规定，禁止在架空线路导线两侧各 300 米的区域内放风筝。

3 [illegible]　跨步电压要注意

[illegible]

架空线路上的导线一旦垂落触地，在地面上就会形成电位差，人一旦接触到垂落的架空线或走入电位差区域，就会触电。人两脚间的电位差称为跨步电压。

1 [illegible]
接地装置流过故障电流时，流散电流在附近地面各点产生的电位差会形成跨步电压

2 [illegible]
带电导体，特别是高压导体故障接地处，流散电流在地面各点产生的电位差会形成跨步电压

3 [illegible]
防雷装置接受雷击时，极大的流散电流在其接地装置附近地面各点产生电位差会形成跨步电压

4 [illegible]
正常时有较大工作电流流过接地装置附近，流散电流在地面各点产生的电位差会形成跨步电压

5 [illegible]
高大设施或高大树木遭受雷击时，极大的流散电流在附近地面各点产生的电位差会形成跨步电压

[illegible]

第二节 电力杆塔的作用

① [illegible] 电力杆塔的分类

[illegible]

[illegible]

支撑起架空线路的就是电力杆塔。

电力杆塔按照主体结构分为铁塔和杆；按照电流流经输电线路的方式，分为交流线路杆塔（交流塔）和直流线路杆塔（直流塔）。我国的高压输电线路多用铁塔。

[illegible]

直流塔用于架设高压直流输电线路，因为直流输电线路只有一正一负两极，因此所看到的直流铁塔上也只有一正一负两根导线，而不是普通交流输电铁塔的三相导线。

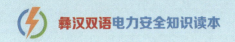

常见的杆有木电杆、钢筋混凝土杆、钢管杆。

木电杆

钢筋混凝土杆

钢管杆

常见的铁塔有拉线V形塔、干字形塔、上字形塔、猫头形塔、鼓形塔、酒杯形塔等。

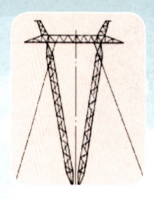

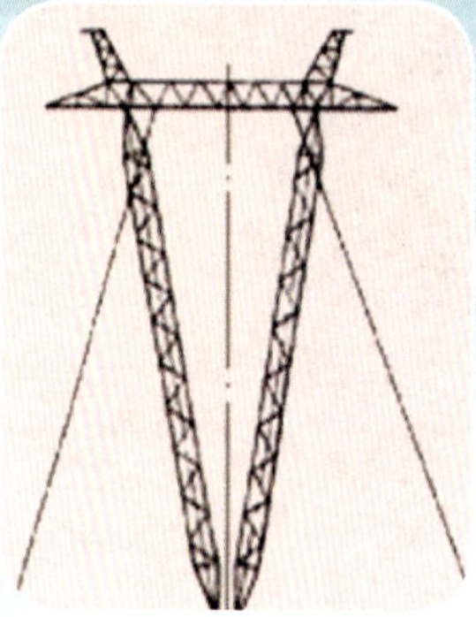

拉线V形塔

干字形塔

上字形塔

这些铁塔又叫字形塔。

猫头形塔

鼓形塔

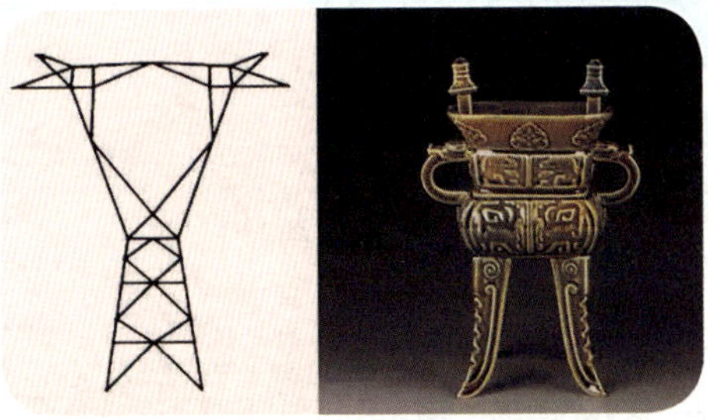

酒杯形塔

这些铁塔又叫象形塔。

2 [illegible] 电力杆塔上都有什么

[illegible]

架空线路由杆塔、导线、绝缘子、避雷线、金具、杆塔基础、拉线和接地装置构成。

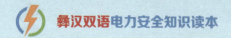

③ [illegible]　巧判电压等级

[illegible]

10 千伏架空线路多用 10~12 米的单混凝土电杆和针式绝缘子， 电杆之间直线距离 70~80 米，在农村地区很常见。

[illegible]

35 千伏架空线路多用 15 米的单或双混凝土电杆（也有少量的铁塔），电杆之间直线距离 120 米，上面有 2~3 片绝缘子。

[illegible]

110 千伏及以上架空线路通常是一个巨大的铁塔，高达 20 米以上，上面有长串的绝缘子。

[illegible]，[illegible]。

[illegible]，[illegible]。10 [illegible]

[illegible]。

[illegible]：[illegible]。500 [illegible]

[illegible]，220 [illegible]，110 [illegible]。

[illegible]：[illegible]。

[illegible] 4 [illegible]

[illegible]，[illegible]。

[illegible]：[illegible]，[illegible] 6 [illegible]、10 [illegible]、15 [illegible]、20 [illegible] 35 [illegible]。

[illegible]：[illegible]，[illegible]，[illegible] 10 [illegible]。

[illegible]：[illegible] 10 [illegible]。

[illegible]：[illegible]，[illegible]。

一看高度：高度越高，电压等级越高。

二看绝缘子片数：绝缘子片数越多，电压等级越高。低于 10 千伏的线路用针式绝缘子，没有片数。

三看导线分裂数：导线分裂数越多，电压等级越高。500 千伏常用四分裂导线，220 千伏常用二分裂导线，110 千伏常用单根导线。

四看线路标示牌：架空线所在杆塔的标示牌会标明电压等级。

知识拓展 4　绝缘子

绝缘子是一种特殊的绝缘控件，在架空线路中起着重要作用。

针式绝缘子：主要用于直线杆塔或角度较小的转角杆塔上。按额定电压分为 6 千伏、10 千伏、15 千伏、20 千伏及 35 千伏五个电压等级。

蝶式绝缘子：常用于低压配电线路上，作为直线或耐张绝缘子，也可同悬式绝缘子配套，用于 10 千伏配电线路耐张杆塔、终端杆塔或分支杆塔上。

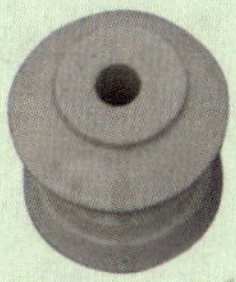

瓷横担绝缘子：广泛应用在 10 千伏配电线路直线杆上。

悬式绝缘子：一般安装在高压架空线路耐张杆塔、终端杆塔或分支杆塔上，作为耐张或终端绝缘子串使用，也用于直线杆塔作为直线绝缘子串使用。

[illegible]

1 [illegible]

[illegible] 220 [illegible] 220 [illegible]

2 [illegible]

[illegible] 10 [illegible]、35 [illegible]、110 [illegible]、220 [illegible] 500 [illegible]

第三节　变压器的贡献

❶ 为什么要使用变压器

为了减少电能在远距离传输过程中的损耗，并满足用户用电电压的要求，需要通过变压器实现升压、降压的作用。比如，家用电器的电压等级都是220伏，需要通过变压器将电压逐级降到220伏。

❷ 变压器电压等级

变压器电压等级通常分为10千伏、35千伏、110千伏、220千伏和500千伏。电压等级越高，离我们生活的地方越远，占地面积也越大。

3 [illegible]
变压器一般都安装在什么地方

[illegible]

为了减小供电半径，变压器一般安装在用电比较集中的地方。变压器的安装位置还需考虑城市规划、地形地貌、用电负荷等因素。

4 [illegible] 安全注意事项

[illegible]

变压器是带电工作的，所以不能在变压器旁玩耍，不能触碰（包括用金属或潮湿的物体间接接触）变压器，要学会辨认变压器上的安全标识。

5 [illegible]
电压等级越高的变压器越危险吗

[illegible]

一般而言，电压等级高的变压器安装在变电站或箱式的柜体内，我们很难靠近。10 千伏的变压器由于入户需要，会布置在居民生活区附近。

10 [illegible]

生活中常见的 10 千伏变压器分为干式变压器和油浸式变压器。油浸式变压器的线圈浸在可燃烧的绝缘油中，要格外注意火灾隐患。

干式变压器

油浸式变压器

干式变压器的铁芯和绕组都不浸在绝缘油中，主要靠自然空气冷却和强迫空气循环进行冷却。油浸式变压器的铁芯和绕组都浸在绝缘油中，用于加强绝缘和冷却。干式变压器和油浸式变压器的根本区别在于散热、绝缘方式，即是否浸油。

[illegible]

第三章

电要安全用

[illegible]

一般的电力设备都有可靠的绝缘性能来保证安全，生活中常见的绝缘保护有家用电器和插座的塑料外壳等。

[illegible]

除了输配电设备，生活中我们还会接触到很多“电器”设备，这和前面讲的“电气”设备有什么区别呢？

[illegible]

由于早期的电能是通过蒸汽能转化产生的，所以我们将电力设备统称为电气设备。生活中使用的电器，是指依靠电力驱动的器具，也是与我们接触最多的带电体。下面就来讲讲如何安全地使用它们！

[illegible]

第一节　判断电压保安全

[illegible]

安全电压，指在没有其他任何防护措施的情况下接触时，不使人直接致死或致残的电压。

36 [illegible]

不高于 36 伏的电压就是安全的，这个说法对吗？

[illegible] (ELV) [illegible] 42 [illegible]、36 [illegible]、24 [illegible]、12 [illegible]、6 [illegible] 5 [illegible]

其实这是一个比较笼统的说法。国家标准《特低电压（ELV）限值》中规定，安全电压的额定值分为 42 伏、36 伏、24 伏、12 伏、6 伏 5 个等级，具体选用时要根据环境、人员和使用方式等因素来决定。

[illegible]

[illegible]	[illegible]
42 [illegible]	[illegible]
36 [illegible]	[illegible] 2 [illegible]
24 [illegible]	[illegible]
12 [illegible]	[illegible]
6 [illegible]	[illegible]

[illegible]“[illegible] 36 [illegible]”[illegible] 36 [illegible]

不同环境下的安全电压值参考。

环境条件	安全电压
有发生电击危险的干燥环境中使用手持电动工具、照明、电源电压或其他电气设备	42 伏以下
隧道、高温、有导电灰尘或灯具离地面高度低于 2 米	36 伏以下
潮湿、易触及带电体场所	24 伏以下
特别潮湿的场所，导电良好的地面、锅炉或金属容器内工作	12 伏以下
水下作业或人体大面积浸水的特别危险场所	6 伏以下

我们所说的“不高于 36 伏的电压是安全的”应该确切地表述为：在正常情况下，只有加在人体上不同部位之间的电压不高于 36 伏才是安全的。要特别注意，在接触相同电压的情况下，左手和双脚之一同时触电时对人体的危害是最大的。

[illegible]

[illegible]

[illegible]

[illegible]

[illegible]

第二节　认识标志促安全

电力设备上通常会悬挂安全标示牌，通过颜色和图形来表达安全警示意义。

认识颜色——安全色：安全色是被赋予安全意义而具有特殊属性的颜色，包括红、蓝、黄、绿 4 种颜色。红色表示禁止、停止、危险以及消防设备；蓝色表示指令，要求人们必须遵守的规定；黄色表示注意；绿色表示允许、安全。

认识图形——安全标志：安全标志通过安全色与几何形状的组合表达通用安全信息，并通过附加图形符号表达禁止、警告、指令和提示。

[illegible]

不同的安全标志可能有不同的外形，但其中主要的图像是不变的。下面的安全标志很常见：

[illegible]

闪电图形是“危险”“禁止”的标志，常用于变压器和电气设备，同时也为雷电标志。

[illegible]

操作把手和一只手，并画有斜线的图形是“禁止合闸，有人工作”。

[illegible]

竖线下有3段横线为“接地线”标志，表示为安全起见，电气设备应在此处接地线。

大家开动脑筋，看看它们分别是什么安全标志！

（答案在文后找）

[illegible]
第三节　辨识铭牌保安全

[illegible]

入户配电箱（柜）是常见的家庭配电设备，它的外壳防护等级对安全有着重要的提示作用。

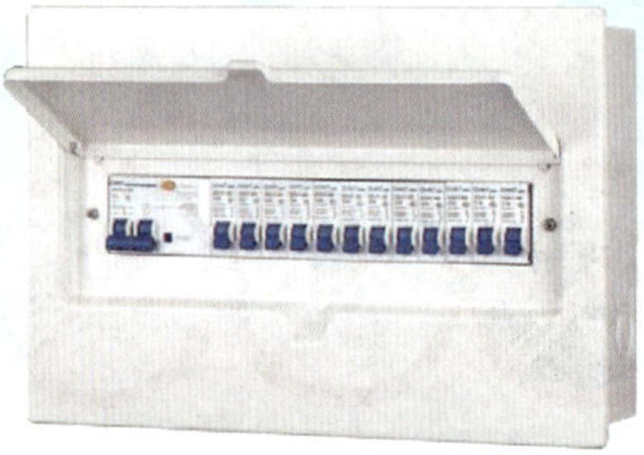

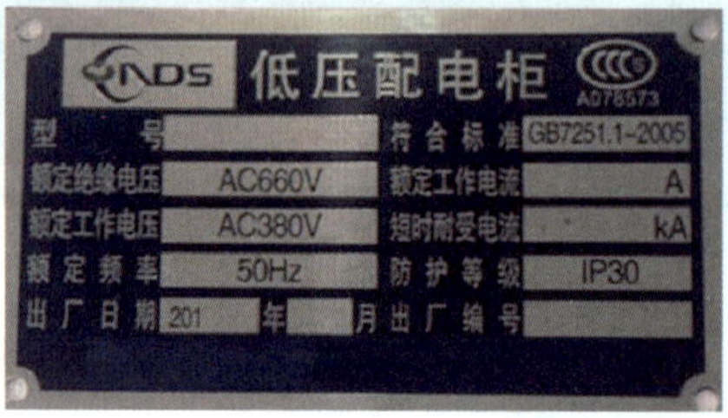

IP [illegible] IP [illegible] 0 ~ 6, [illegible] 0 [illegible] 6 [illegible] 0 ~ 8 [illegible] 0 [illegible] 8 [illegible]

[illegible] IP30 [illegible] 2.5 [illegible]

“IP”表示（外壳）防护等级，“IP”后第一位数字表示防止外来物体进入，范围为 0 ~ 6，其中“0”表示无防护，“6”表示完全防止灰尘进入；第二位数字表示防止进水，范围为 0 ~ 8，其中“0”表示无防护，“8”表示防止沉没时水的浸入。

低压配电柜的铭牌显示“防护等级 IP30”，即该配电柜外壳防止直径为 2.5 毫米的物体进入，且对防水无要求。

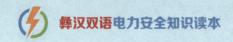

第四节 坚持原则守安全

大家记住这首安全用电歌。

安全用电歌

低压带电不能碰，高压带电不靠近。

不用湿手摸电器，金属外壳要接地。

安装维修找电工，私拉乱接不可行。

1 什么是高压和低压

日常生活中，相电压 220 伏（线电压 380 伏）以上为高压，相电压 220 伏（线电压 380 伏）及以下为低压。

[illegible] 知识拓展 5 [illegible] 电压等级

[illegible]	[illegible]	[illegible]			[illegible]	[illegible]
	1000 [illegible]	750 [illegible]	500 [illegible]	330 [illegible]	220、110、66、35 [illegible]	380/220 [illegible]（[illegible]）
[illegible]	[illegible]				[illegible]	
	±800 [illegible]				±660、±500、±400 [illegible]	

交流	特高压	超高压			高压	低压
	1000 千伏	750 千伏	500 千伏	330 千伏	220、110、66、35、10 千伏	380/220 伏（我国家庭常用电压）
直流	特高压				高压	
	±800 千伏				±660、±500、±400 千伏	

[illegible]

采用高电压等级，特别是超高压、特高压输电，能够大大降低损耗，把更远地方的电能高效地输送到用户。

2 [illegible]　什么是接地保护

[illegible]

接地保护就是将电气设备、器具的金属外壳与大地作可靠连接。如果电气设备内部绝缘体老化或损坏，电就可能传到金属外壳上。接地后，电流会通过地线流入大地，避免人接触触电。

[illegible]

在家庭中，有金属外壳的家用电器要用三孔插座，比两孔插座多的那个孔就是跟大地连接的。

[illegible] 知识拓展6 [illegible] 等电位联结

[illegible]

我们家中都会有等电位联结，作用在于使家中所有金属管道，包括煤气管道、水管、建筑物钢筋的电位与大地趋于接近，以降低人们生活中接触到这些金属管道时产生的接触电压。

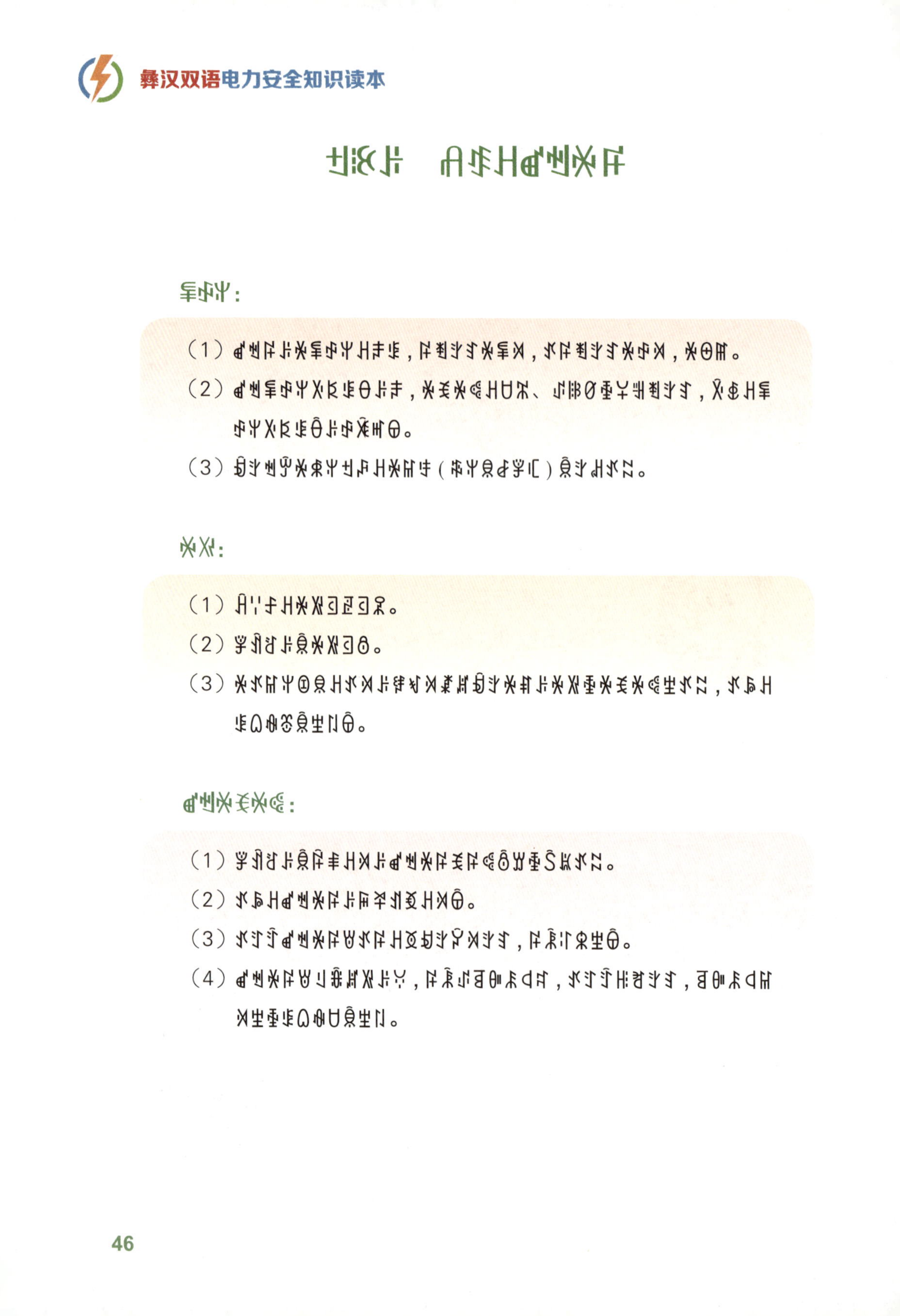

[illegible]

[illegible]：

（1）[illegible]

（2）[illegible]

（3）[illegible]

[illegible]：

（1）[illegible]

（2）[illegible]

（3）[illegible]

[illegible]：

（1）[illegible]

（2）[illegible]

（3）[illegible]

（4）[illegible]

第五节　家庭用电要安全

开关：

（1）认识所有家用电器的开关，用时接通电源，停止时切断电源，以免潮湿漏电。

（2）认识总开关，看到家用电器冒烟、冒火花或有焦糊气味时，马上拉闸，切断总电源。

（3）家里的一切电源插座，都不得用导电物体（如金属、手指）去试探。

线路：

（1）不要乱拉乱接电线。

（2）湿手不能触碰电线。

（3）不要在没有绝缘保护的情况下修理家中带电的线路或设备，维修请找专业人员。

家用电器：

（1）不要用湿手接触或移动正在运转的家用电器。

（2）保证家用电器用电环境干燥。

（3）家用电器如果长久放置未使用，使用前应先检查。

（4）通过正规途径购买合格的家用电器，使用前先看说明书，如果出现问题，应按说明书上注明的方式进行处理或找专人维修。

[illegible]

[illegible]

(　　) [illegible]

[illegible]

(　　) [illegible]

[illegible]

(　　) [illegible]

[illegible]

(　　) [illegible]

CLEAN

[illegible]

(　　) [illegible]

COOL

[illegible]

(　　) [illegible]

[illegible]

家用电器的工作年限是很重要的安全指标，如果超龄工作会很危险。一起来猜猜这些家电的使用年限吧。

（填空题，答案在文后找）

电视机

（　　）年

电饭煲

（　　）年

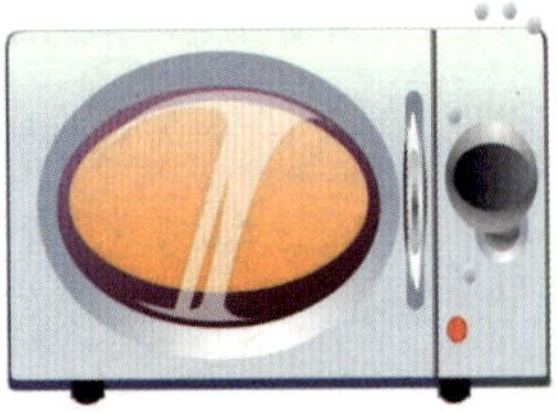

微波炉

（　　）年

电冰箱

（　　）年

洗衣机

（　　）年

空　调

（　　）年

家用电器如果使用不当，就会缩短它们的使用寿命。不同的家用电器由于工艺不同，使用寿命也不同，请多参考说明书！

[illegible]

（1）[illegible]

（2）[illegible]

（3）[illegible]

（4）[illegible]

（5）[illegible]

（6）[illegible]

（7）[illegible]

（8）[illegible]

（9）[illegible]

（10）[illegible]

（11）[illegible]

（12）[illegible]

第六节　户外用电须安全

（1）不得盗窃买卖电力设施和器材，盗窃者不仅要受到法律制裁，盗窃时还易发生触电事故，危及生命安全。

（2）不得拆卸杆塔或拉线上的器材；不得移动、损坏永久性标志或标志牌。

（3）不能攀登变压器、杆塔等电力设施。

（4）不能跨越电力设施遮栏。

（5）不能在塔内或杆塔与拉线之间修筑道路；不准在杆塔、拉线上悬挂物体；不准利用杆塔、拉线做起重牵引地锚。

（6）不能在架空线路下吊装、盖楼房、种树或种植攀爬作物；不能在杆塔周围挖土，不要在电杆上拴牲畜。

（7）严禁在电力设施附近钓鱼和放风筝，不能向电力线路射击、抛掷物体。

（8）雷雨天不能靠近大树、电杆、拉线及避雷针。

（9）严禁私拉电网防盗、捕鼠、狩猎和捕鱼。

（10）通信线、广播线和电力线不能同杆架设，进户必须明显分开，发现电力线与其他线搭接时，要立即找电工处理。

（11）发现电线断落时不要靠近，在8米以外安放警示标志并马上通知电力部门处理。

（12）发现有人触电，应尽快断开电源，用较长绝缘体将电线挑开，确认安全后再实施急救。

[illegible] 7 [illegible]

[illegible]

[illegible]

[illegible]

[illegible]

[illegible]

电力设施受《中华人民共和国电力法》和《电力设施保护条例》保护，盗窃电力设施情节严重构成犯罪的，将由司法机关依法追究刑事责任。

知识拓展7 《电力设施保护条例》

第四条　电力设施受国家法律保护，禁止任何单位或个人从事危害电力设施的行为。任何单位和个人都有保护电力设施的义务，对危害电力设施的行为，有权制止并向电力管理部门、公安部门报告。

第二十七条　违反本条例规定，危害发电设施、变电设施和电力线路设施的，由电力管理部门责令改正；拒不改正的，处1万元以下的罚款。

第二十八条　违反本条例规定，在依法划定的电力设施保护区内进行烧窑、烧荒、抛锚、拖锚、炸鱼、挖沙作业，危及电力设施安全的，由电力管理部门责令停止作业、恢复原状并赔偿损失。

第二十九条　违反本条例规定，危害电力设施建设的，由电力管理部门责令改正、恢复原状并赔偿损失。

第三十条　凡违反本条例规定而构成违反治安管理行为的单位或个人，由公安部门根据《中华人民共和国治安管理处罚法》予以处罚；构成犯罪的，由司法机关依法追究刑事责任。

第四章

电要科学用

电能是清洁、高效、便捷的二次能源，终端利用效率高，使用过程清洁零排放，科学用电有利于保护环境。

这片油菜花田太美了，真想每天都看到这么美丽的景色。

电是一种清洁能源，只要坚持科学用电，天将会越来越蓝，水将会越来越清，环境将会越来越好。

[illegible]

1 [illegible]

[illegible]

[illegible]

[illegible]

[illegible]

[illegible]

[illegible]

第一节　电能替代改善环境

1 清洁替代与电能替代

以电代煤、以电代油、电从远方来、来的是清洁电！

以电代煤是指在能源消费终端用电能替代直接燃烧的煤炭，显著减轻环境污染。

以电代油是指在电动汽车、轨道交通、港口岸电等领域用电能替代燃油。

电从远方来，来的是清洁电。将西部和北部地区的煤电和水电、风电、太阳能发电等清洁能源打捆外送至东中部地区，不仅可以保障东中部的电力供应，而且可以避免远距离输煤带来的煤电运输紧张和环境污染等一系列问题。

2 ꀕꄯꀀꆏꂷꃰ

ꃅꇁꀋꇐꄯꇬꆹꌊꌊꑋ 3.2 ꇬ、ꊰꁸꑋ 17.3 ꇬꄚ，ꌊꆹꊰꁸꇁꐯꀕꄷꆹꏂꃅꑋꋍꇁꑍꇐꄷꃅꆹꏂꃅꑋꇐꇁꄷꃅꆹ
ꊰꁸ 3.2 ꐯꀕꄷꆹꏂꌊꌊ、17.3 ꐯꊰꁸꀕꄷꆹꏂꋍꇁꑍꇐꂷꁸꌐꌠꂸꃅꌠꋍ。

ꃅꇁꀋꋍ，ꌊꆹꊰꁸ 400 ꈀ、ꌐꃅ 4 ꑋꋍꏂꋍ。ꊰꁸ 0.272 ꄚꈀ、ꇁꄯꁸꋍ 0.099 ꄚꈀꆏꄷ、ꇁꄯꀀ ꋍ 0.030 ꄚꈀ、ꌊꄯꋍꑋ 0.015 ꄚꈀꆏꄷꏂꐯꌊꊰꆏ。

ꃅꌗꐯꃀꆏꄷꏂꆹꇁꄚꌊꃅ，ꀕ ꄯꏂꁧꂷꆹꑼꀀꐯꃀꑋ 1.5~2 ꇬꄚ。2012 ꑋꌊꌗ，ꁧꄯꃅꌗꃀꆹ 500 ꄯꀀ ꌊꐯꇐ，ꇁꑋꏂꑼ 710 ꄯꐯꋍꏂꐯꇐ，ꇁꄯꁸꋍꆏꄷꏂꏂ 1500 ꄯꐯꋍꏂꐯꇐ。

2 节能减排

电能的经济效率是石油的 3.2 倍、煤炭的 17.3 倍，即 1 吨标准煤当量电能创造的经济价值与 3.2 吨标准煤当量的石油、17.3 吨标准煤当量的煤炭创造的经济价值相当。

节约一度电，相当于节约 400 克的标准煤、节约 4 升水。减少碳粉排放 0.272 千克、二氧化碳排放 0.099 千克、二氧化硫排放 0.030 千克、氮氧化物排放 0.015 千克。

电动汽车零排放，能源利用率是燃油汽车的 1.5 ~ 2 倍。2020 年，中国电动汽车预测保有量将达到 500 万辆，每年可减少汽油消耗约 710 万吨，减少二氧化碳排放约 1500 万吨。

[illegible]

1 [illegible]

[illegible]

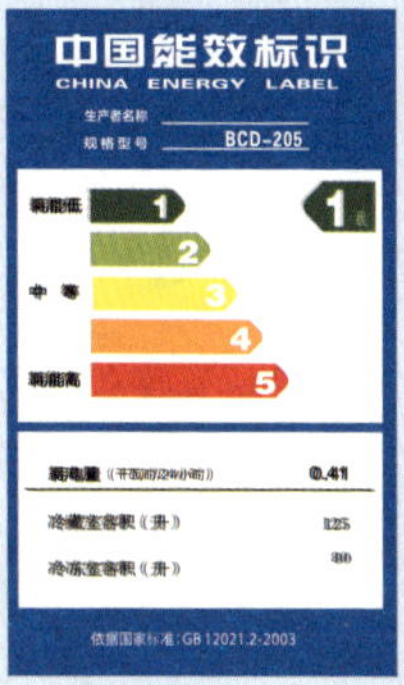

[illegible] 1、2、3、4、5 [illegible]

268 [illegible] 1 [illegible] 5 [illegible] 0.7 [illegible] 260 [illegible] 1560 [illegible]

1.5P [illegible] 1 [illegible] 5 [illegible] 200~300 [illegible] 2000 [illegible]

第二节 节能提效生活

① 认识能效标识

能效标识又称能源效率标识，是附在耗能产品或其最小包装物上，表示产品能源效率等级等性能指标的一种信息标签，直观地明示了用能产品的能源效率等级、能源消耗指标以及其他比较重要的性能指标。产品的能源效率等级越低，表示能源效率越高，节能效果越好，越省电。

目前我国的能效标识将能效分为1、2、3、4、5共五个等级，等级1表示能效最高。

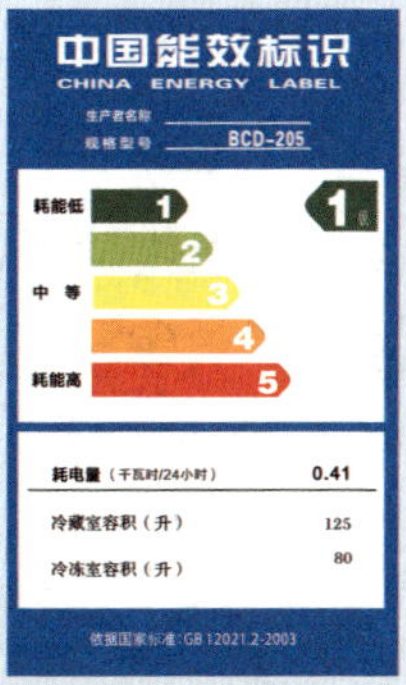

同样268升的家用电冰箱，能效为1级的要比5级的每天节省约0.7度电，每年可以节省约260度电，在整个电冰箱使用寿命期间可以节省约1560元。

同样1.5匹空调，能效为1级的要比5级的每年节约电费200 ~ 300元，在空调的使用寿命期间至少可节约电费2000元。

2 [illegible] 用好智能电能表

[illegible]

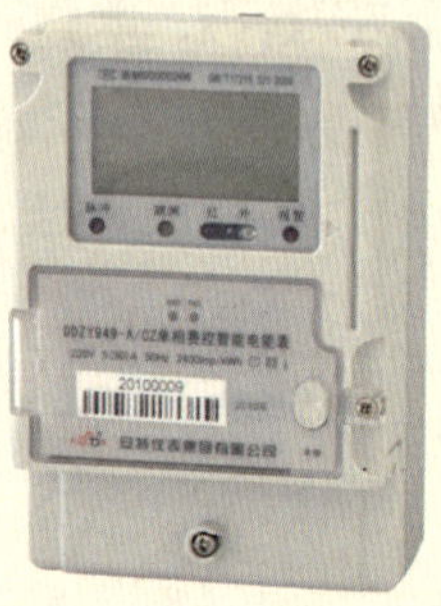

智能电能表是智能电网的智能终端，除了具备传统电能表基本用电量的计量功能以外，还具有双向多种费率计量、用户端控制、防窃电等智能化功能，智能电能表代表着未来节能型智能电网最终用户智能化终端的发展方向。

[illegible]

巧用智能电能表省电，就要学会低谷用电。

(1) [illegible] 什么是阶梯电价?

[illegible]

阶梯电价是把户均用电量设置为若干个阶梯分段或分档次定价计算费用，以提高能源效率，并通过分段电量实现细分市场的差别定价，达到节能的目的。

[illegible]

自2012年7月1日起，四川省阶梯电价正式执行，具体为每月每户首档电量为0～180千瓦·时，执行价格为0.52元/（千瓦·时）；次档电量为181～280千瓦·时，执行价格为0.62元/（千瓦·时）；最高档电量为280千瓦·时以上，执行价格为0.82元/（千瓦·时）。

[illegible]

阶梯电价于每月25日清算，大家可根据当月实际用电量进行合理规划，避免过多使用高价位电量，达到节约电费的目的。

（2）[illegible]？　低谷用电都有哪些优惠？

[illegible]，[illegible]，[illegible]。

低谷用电，电力术语称为削峰填谷，即将负荷曲线高峰时段的部分负荷调整到低谷负荷时段。主要作用是合理利用电力资源，减少供电设备损耗，节约电能。

[illegible] 23：00 [illegible] 7：00 [illegible]。[illegible] 6 [illegible] 10 [illegible] 0.175 [illegible] / [illegible]，11 [illegible] 5 [illegible] 0.25 [illegible] / [illegible]。

削峰填谷是改变用电时间，不是不用电，也不是少用电。电价的低谷时段一般为 23：00 至次日 7：00。目前执行的低谷电价为丰水期（每年 6～10 月）0.175 元 /（千瓦·时），枯水期（每年 11 月至次年 5 月）0.25 元 /（千瓦·时）。

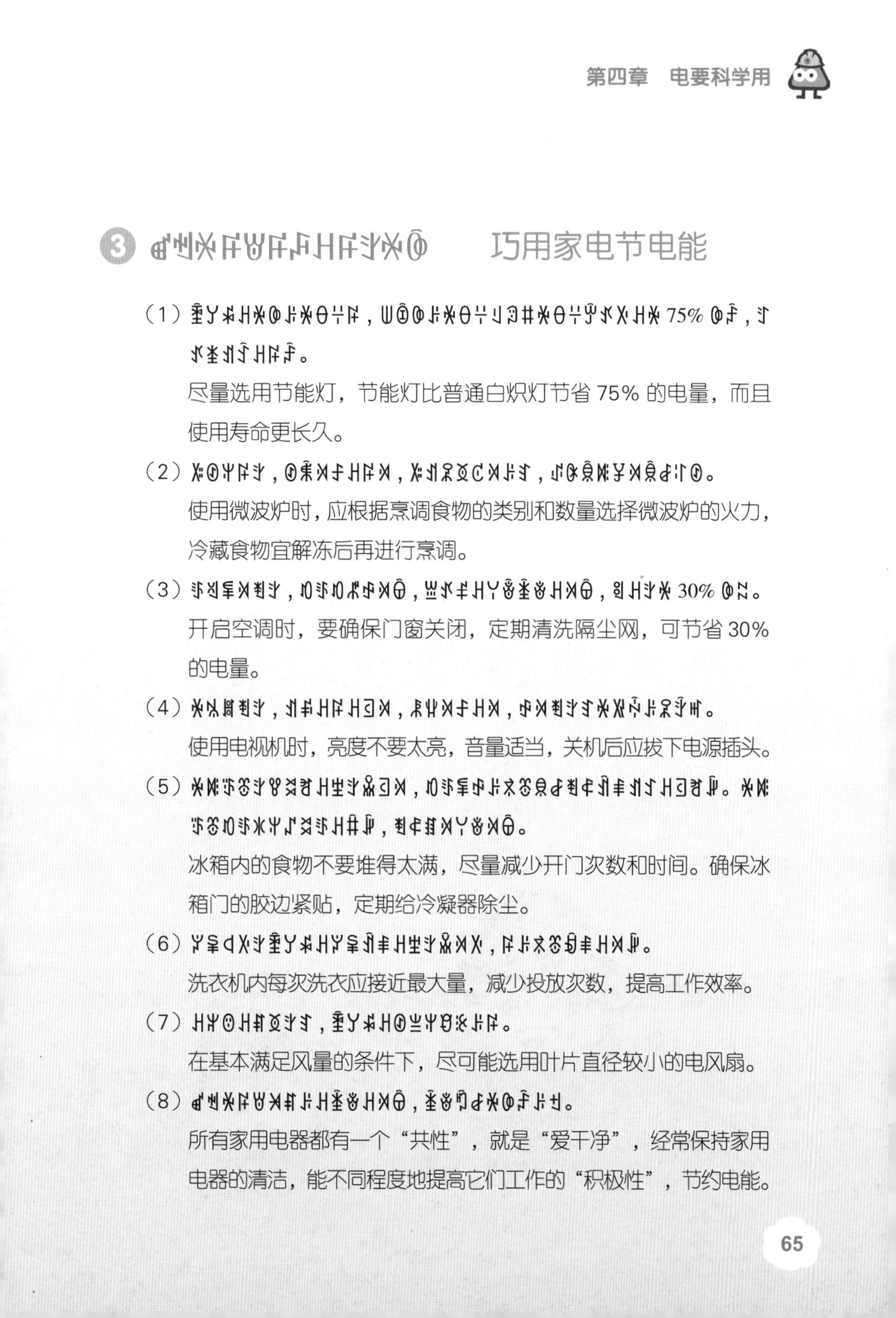

3 [illegible] 巧用家电节电能

（1）[illegible] 75% [illegible]。

尽量选用节能灯，节能灯比普通白炽灯节省 75% 的电量，而且使用寿命更长久。

（2）[illegible]。

使用微波炉时，应根据烹调食物的类别和数量选择微波炉的火力，冷藏食物宜解冻后再进行烹调。

（3）[illegible] 30% [illegible]。

开启空调时，要确保门窗关闭，定期清洗隔尘网，可节省 30% 的电量。

（4）[illegible]。

使用电视机时，亮度不要太亮，音量适当，关机后应拔下电源插头。

（5）[illegible]。

冰箱内的食物不要堆得太满，尽量减少开门次数和时间。确保冰箱门的胶边紧贴，定期给冷凝器除尘。

（6）[illegible]。

洗衣机内每次洗衣应接近最大量，减少投放次数，提高工作效率。

（7）[illegible]。

在基本满足风量的条件下，尽可能选用叶片直径较小的电风扇。

（8）[illegible]。

所有家用电器都有一个“共性”，就是“爱干净”，经常保持家用电器的清洁，能不同程度地提高它们工作的“积极性”，节约电能。

[illegible]

[illegible]

[illegible]

[illegible]

第三节　节约用电好处多

节电歌

节约能源度危机，共创经济新契机。
节约能源有良方，用水用电没烦恼。
节约能源做得好，省钱省能又环保。
全体人民一起来，节约能源做环保。
随手关灯很容易，积少成多省电力。
购买电器有方法，节能标志真正好。
若要空调耗电少，温度适当设定好。
照明品质要提高，省电灯具不可少。
有能源就有资源，有资源就有本钱。
节约能源一起来，共创美好的未来。

阿吉叔叔要去继续巡线了，他和三个好朋友约定下周一起参观变电站。电力安全关系着国计民生，从我做起，从身边的小事做起，一起担任电力安全小卫士吧。

[illegible]

[illegible]：

1. [illegible]；2. [illegible]；3. [illegible]；4. [illegible]；5. [illegible]；6. [illegible]；7. [illegible]；8. [illegible]；9. [illegible]；10. [illegible]；11. [illegible]；12. [illegible]；

13. [illegible]；14. [illegible]；15. [illegible]；16. [illegible]；17. [illegible]；18. [illegible]；19. [illegible]；20. [illegible]；21. [illegible]；22. [illegible]；23. [illegible]；24. [illegible]。

[illegible]：

[illegible]：8~10 [illegible]

[illegible]：10 [illegible]

[illegible]：10 [illegible]

[illegible]：13~16 [illegible]

[illegible]：8 [illegible]

[illegible]：12 [illegible]

答案大揭秘

认识安全标志：

1．禁止吸烟；2．禁止烟火；3．禁止烟火；4．禁止酒后上岗；5．禁止启动；6．禁止合闸，有人工作；7．禁止修理时转动；8．禁止触摸；9．禁止攀登；10．禁止入内；11．禁止停留；12．禁止靠近；13．禁止驶入；14．禁止机动车通行；15．禁止操作有人工作；16．禁止攀牵线缆；17．禁止使用无线通信；18．禁止游泳；19．禁止转动；20．禁止非工作人员入内；21．限速行驶；22．禁止输电线路下吊装；23．禁止出入；24．高压电禁止靠近。

家用电器工作年限：

电视机：8 ~ 10 年

电饭煲：10 年

微波炉：10 年

电冰箱：13 ~ 16 年

洗衣机：8 年

空调：12 年

索 引